U0895436

打卡沈阳

Check in Shenyang

手绘地标建筑

Hand-drawn Landmark Buildings

李 虎 著

Li Hu Write

辽宁美术出版社

Liaoning Fine Arts Publishing House

图书在版编目（CIP）数据

打卡沈阳 / 李虎著. — 沈阳 ：辽宁美术出版社，2025. 4. — ISBN 978-7-5314-9846-9

Ⅰ. TU-881.2

中国国家版本馆CIP数据核字第20241H66B0号

出 版 者：辽宁美术出版社
地　　址：沈阳市和平区民族北街29号　邮编：110001
发 行 者：辽宁美术出版社
印 刷 者：辽宁新华印务有限公司
开　　本：889mm × 1194mm　1/32
印　　张：8
字　　数：150千字
出版时间：2025年4月第1版
印刷时间：2025年4月第1次印刷
责任编辑：王　楠　张佳雨　孙　琳
书籍设计：张佳雨　王　楠
责任校对：叶海霜
书　　号：ISBN 978-7-5314-9846-9
定　　价：86.00元

邮购部电话：024-83833008
E-mail：lnmscbs@163.com
http：//www.lnmscbs.cn
图书如有印装质量问题请与出版部联系调换
出版部电话：024-23835227

N41° 48′ E123° 25′

SHENYANG

目 录

Contents

沈阳故宫

Shenyang Gugong

“聿造故宫，故宫赫赫”——乾隆皇帝在御制《盛京赋》中极尽赞誉的故宫，即清朝开创者努尔哈赤与皇太极营建的盛京故宫。后金天命十年（1625）三月初三日，清太祖努尔哈赤将都城从辽阳迁往沈阳，始建大政殿、十王亭，揭开了沈阳故宫历史的第一页。1644年清定都北京后，沈阳故宫被称为“陪都宫殿”，亦是康熙、乾隆、嘉庆、道光诸帝东巡盛京时驻跸的行宫。

沈阳故宫位于沈阳明清方城中心，占地面积4.6万平方米，共保留清代建筑114座，计500余间。其建筑群按营造时间和基本格局分为东、中、西三路，东路主要包括努尔哈赤迁都沈阳之初所建的大政殿、十王亭等建筑；中路分为清早期的“大内宫阙”和清定都北京后增建的行宫、盛京太庙等几组建筑；西路主要为乾隆年间增建的文溯阁、戏台等建筑。三路建筑历时近160年完成，显示出不同历史阶段明显的时代特征。

沈阳故宫蕴含着浓郁的满族传统文化，集萃了汉、满、蒙古三个民族的特色，融合了宫殿建筑与地方民居的建筑特征，代表着清定都北京前宫殿建筑最高的技术、艺术成就，具有极高的历史价值、艺术价值和科学价值。1961年，沈阳故宫被国务院公布为首批全国重点文物保护单位；2004年，被列入《世界遗产名录》。2017年，沈阳故宫博物院成为国家一级博物馆。

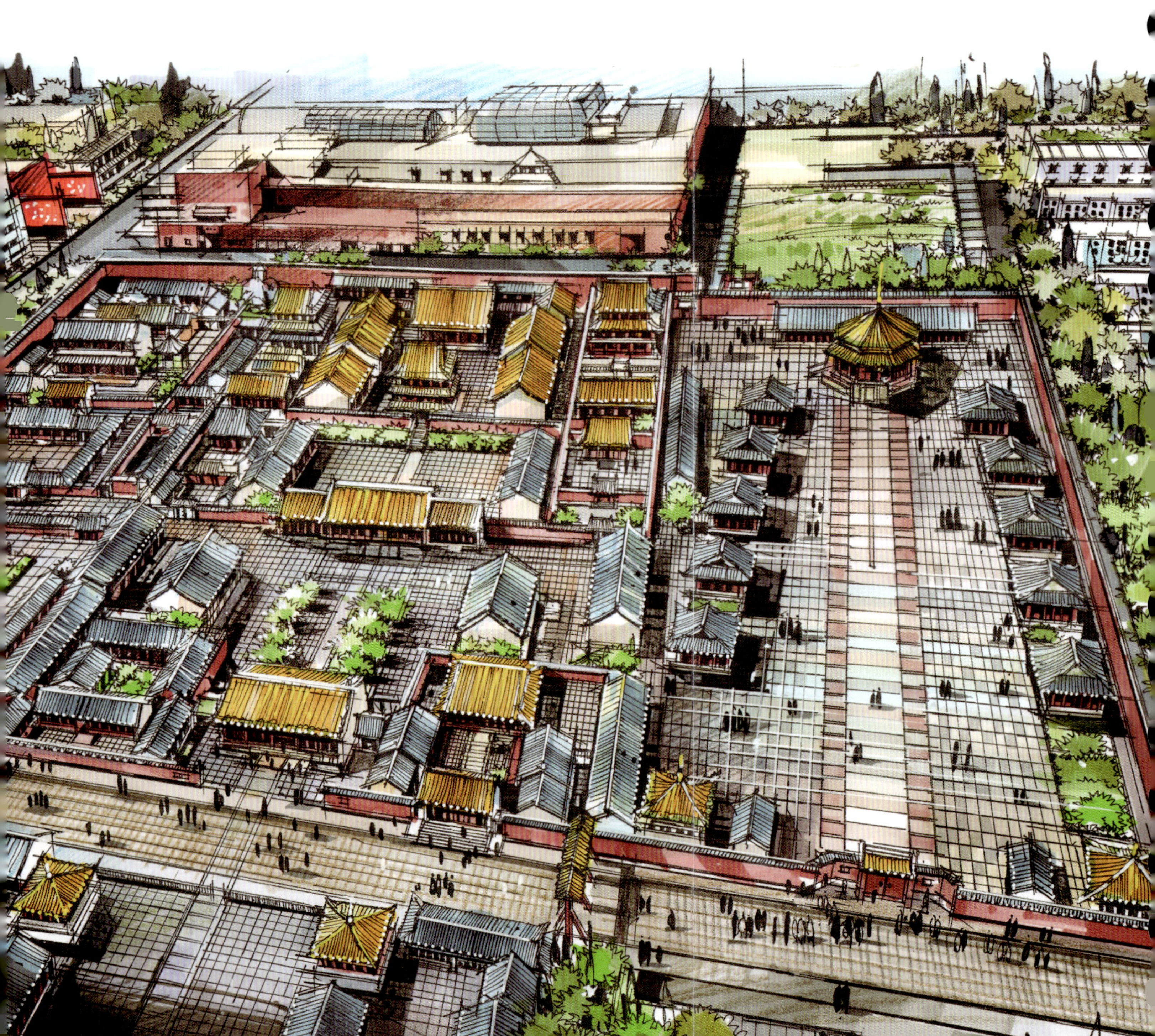

张学良旧居

Zhangxueliang Jiuju

乘车路线

公交118路、133路、134路、151路、173路、215路、219路、228路、237路、251路、260路、292路、观光一线、环路、旅游观光一线至沈阳方城·大南门西站。

张学良旧居（又称张氏帅府、大帅府或少帅府）是张学良在东北的官邸和私宅，始建于1914年。1931年九一八事变后被日伪侵占，作为图书馆使用。1945年中共中央东北局曾在此办公。新中国成立后，作为辽宁省图书馆、辽宁省文学艺术界联合会、辽宁省作家协会、辽宁省文化厅等多家单位的办公场所使用。该建筑群1985年被沈阳市人民政府公布为市级文物保护单位，1988年被辽宁省人民政府公布为省级文物保护单位，1996年被国务院公布为全国重点文物保护单位。1988年12月12日，该建筑群被辟为张学良旧居陈列馆正式对外开放。如今，张学良旧居陈列馆已是国家AAAA级旅游景区、国家二级博物馆，同时也是海峡两岸交流基地、辽宁省和沈阳市两级爱国主义教育示范基地。

东三省总督府

Dongsansheng Zongdufu

乘车路线

公交118路、133路、134路、151路、173路、215路、219路、228路、237路、251路、260路、292路、观光一线、环路、旅游观光一线至沈阳方城·大南门西站。

东三省总督府，是清末民初东北最高军政机关的所在地，也是盛京沈阳继清代皇宫后又一闻名遐迩的大型衙署建筑群。

始建于1907年的东三省总督府，总占地面积约26500平方米，目前主楼有幸保留至今，建筑面积为2672平方米，集中西建筑风格于一体，内部建筑珍贵程度被评为中国古代四大木结构建筑之一，气势恢宏，独具特色。遍布其中的复原陈列与展览，全面展示了重要历史人物徐世昌、锡良、赵尔巽三任总督及东三省保安总司令张学良将军在任期间对于东北建设作出的卓越贡献，以及重大历史事件。

东三省总督府历经百年风云，见证了沈阳乃至东北地区近代中国的历史进程，具有极其重要的历史文化价值和建筑美学价值，现已被定为省级文物保护单位。

中街（四平街）

Zhongjie（Siping Jie）

乘车路线

地铁1号线至中街站。
公交118路、132路、132路区间、140路、213路、222路、228路、251路、276路、287路、292路、296路、环路（环二路）至沈阳方城·中街站。
公交117路、215路、环路（环一路）至沈阳方城·商业城（钟楼）站。

中街是“中国第一条商业步行街”，已经有近400年的历史。1625年，努尔哈赤把都城从辽阳迁到沈阳，并在沈阳修建皇宫，也就是今天的沈阳故宫，同时在皇宫后面修建了一条商业街，当时称“四平街”。

DMM
雪花

HCD

彩电塔

Caidian Ta

乘车路线

地铁2号线至青年公园站。

公交246路、273路至彩电塔站。

公交214路、238路、244路、旅游观光一线至彩电塔东站。

辽宁广播电视塔（又称彩电塔）坐落于沈阳风景秀丽的南运河畔，1989年9月建成投入使用，塔高305.5米，是一座集旅游观光、餐饮娱乐、广播电视发射于一体的多功能电视塔。辽宁广播电视塔是沈阳市标志性建筑，被列为辽宁省“五十佳”、沈阳市“十五佳”景观。

辽宁广播电视塔塔楼位于187米至215.5米，设有观光大厅、旋转餐厅、露天平台等。登塔远眺，方圆百里的沈城全貌尽收眼底。

怀远门

Huaiyuan Men

乘车路线

地铁1号线至怀远门站。
公交157路、207路、212路、224路、227路、326路、333路、334路至沈阳方城·大西门站。
公交151路、237路、260路、289路至大西门站。

怀远门，俗称“大西门”，始建于1631年，是清代沈阳城九门之一，为沈阳古城垣之重要标志。1634年4月，皇太极改沈阳为“天眷盛京”，并亲自诏令命名八门，西之南者曰怀远门。1930年拆除怀远门，1994年，沈河区政府拓其原址，增其旧制，重修了怀远门。

雅尊賓館
HOTEL

抚近门

Fujin Men

乘车路线

地铁1号线至中街站。
公交105路、113路、117路、131路、133路、134路、140路、150路、151路、173路、179路、218路、219路、219路区间、237路、248路、273路、298路、观光一线、旅游观光一线至沈阳方城·大东门站。
公交118路、131路、134路、140路、173路、215路、237路、248路、273路、292路、298路至大东车库站。

抚近门，俗称“大东门”，是清代沈阳城九门之一，建于1627—1631年，后拆除。抚近门于1998年复建，位于盛京古文化街东部，与西部的怀远门相对而望，抚近门高20米，占地面积556平方米，建筑面积500平方米，是沈阳标志性建筑。

沈阳市图书馆

Shenyangshi Tushuguan

乘车路线

地铁2号线至市图书馆站。
公交109路、126路、152路、214路、238路、272路、286路、294路至市儿童活动中心站。

沈阳市图书馆建于1908年，始称奉天省城图书馆，是我国近代史上最早的公共图书馆之一。几经更名，1953年定名为沈阳市图书馆。该馆多次迁址，今坐落于风景秀丽的科普公园东侧，紧邻繁华的青年大街，周边交通便利。沈阳市图书馆坐落于风景秀丽的科普公园之中，毗邻繁华的青年大街，交通十分便利。馆舍为造型独特的生态建筑，占地1.3万平方米，建筑面积4万平方米左右。

沈阳市图书馆现藏文献647万余册（件）。古籍中汇刻丛书比较丰富，东北地方史料较为完整。镇馆之宝为清末民初吴廷燮写本《明实录》，是国内尚存唯一的一部较完整的写本明代史料长编，还有《古今图书集成》《百川学海》《经训堂丛书》《雅雨堂丛书》等大型丛书、类书百余部及清光绪末年修纂的辽、吉、黑三省各县乡土志等。沈阳市图书馆全年免费开放，现有各类阅览室、多功能报告厅、展览厅、音乐厅、电影厅等空间，全馆阅览座位千余个。

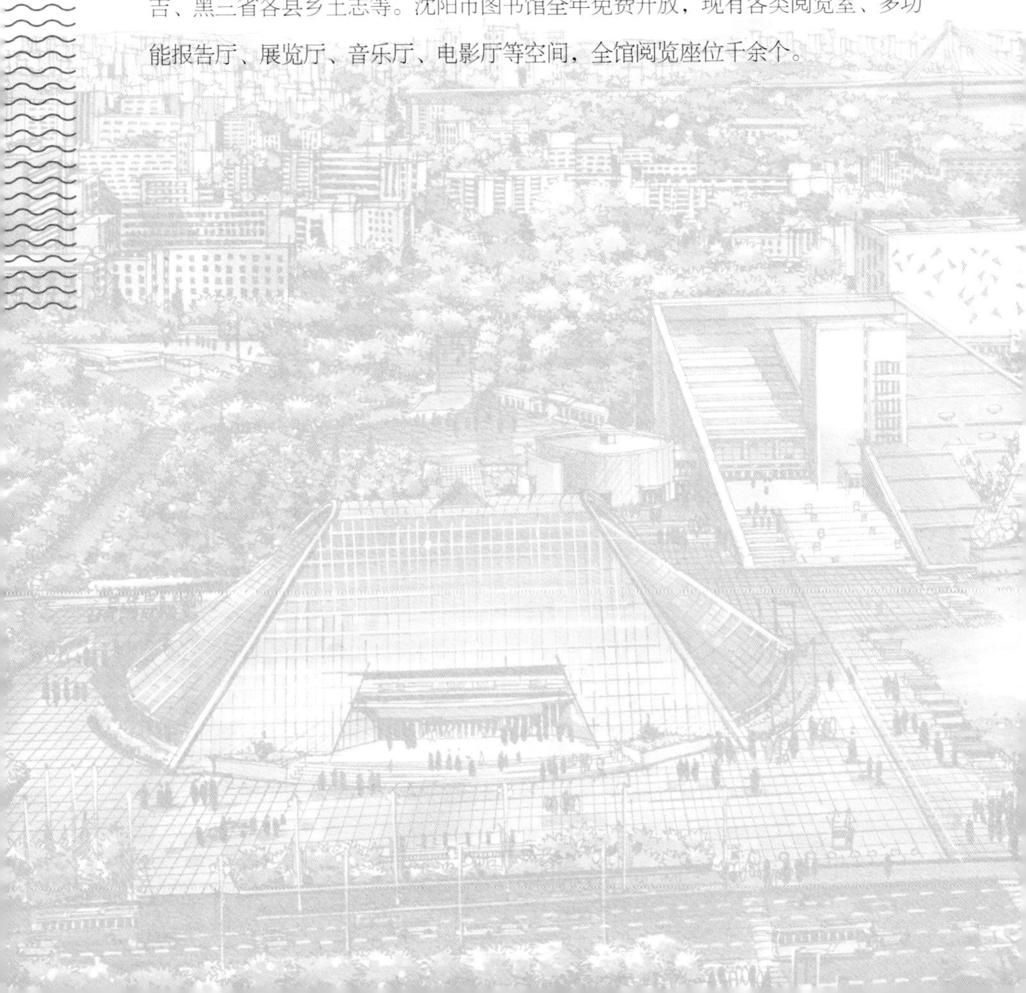

东三省官银号

Dongsansheng Guanyinhao

乘车路线

地铁1号线至中街站。

公交116路、131路、132路、140路、207路、211路、215路、222路、228路、230路、243路、248路、251路、258路、276路、276路复线、287路、292路、296路、303路、环路、旅游观光一线至沈阳方城·大北门站。

公交105路、113路、117路、131路、133路、150路、179路、218路、219路、219路区间、248路、298路、观光一线至沈阳方城·东顺城北站。

东三省官银号于光绪三十一年（1905）成立。东三省官银号鼎盛时期在全国设有分号99处，是当时最大的地方银行，由东三省巡阅使张作霖操纵。奉军六次入关都是以东三省官银号为经济后盾。张学良将军在东北主政期间，非常重视东三省官银号的业务发展，为整顿东北金融秩序、稳定东北币制做出了很大贡献。东三省官银号共发行奉票23类，114种，约18亿元。1931年九一八事变次日，东三省官银号被日军占领，库内存有的66万斤黄金和200万元银元被日军劫走。东三省官银号被迫于1932年停业，共经营26年。

日本帝国主义投降后，中共中央东北局决定，于1945年10月在沈阳成立东北银行。同年11月26日，国民党军队进犯东北解放区，东北银行总行奉命撤出沈阳。1948年11月2日沈阳解放，东北银行先遣队进入沈阳，12月30日东北银行总行机关随中共中央东北局、东北行政委员会和东北财政经济委员会进驻沈阳，在东三省官银号旧址办公。东北银行共发行东北银行“法币”3种，东北地方流通券16种，本票4种。1951年4月1日，东北银行总行正式改组为中国人民银行东北区行。

辽宁大剧院

Liaoning Dajuyuan

乘车路线

地铁2号线至市府广场站。
公交140路、221路、221路区间、230路、243路、248路、260路、293路、303路、326路、旅游观光一线至市中级法院站。
公交214路、215路、228路、244路、293路至市府广场东站。

辽宁大剧院隶属于辽宁省演艺事业交流中心，是辽沈地区的标志性文化艺术中心，总建筑面积3万平方米，地处沈阳市人民广场（原市府广场）东侧，金廊沿岸重点核心区域，地理位置得天独厚。周围商圈林立，交通便利。剧院设有大剧场、小剧场、音乐厅和宾馆餐饮，是国内为数不多的集演出、餐饮、宾馆于一体的综合性文化场馆。辽宁大剧院大剧场可容纳1282名观众，其中一楼896个座位，二楼观众席386个座位，观众大厅总面积1500平方米。

剧院
A JIU YUAN

沈阳北站

Shenyang Beizhan

乘车路线

地铁2号线至沈阳北站站。

公交111路、112路、116路、159路、250路、290路、292路至沈阳北站站。

公交106路、159路、184路、214路、250路、288路、324路至北站北广场站。

沈阳北站是中国铁路沈阳局集团有限公司管辖的铁路车站，是中国东北地区重要的铁路枢纽之一，是沈阳市最主要的铁路客运站之一。

沈阳北站始建于1913年，原名奉天新站。1930年迁址重建并更名为辽宁总站。1931年至1945年9月，车站先后更名为奉天总站、北奉天驿站、沈阳北站。1988年6月，再次迁址重建新沈阳北站，坐落于沈阳市沈河区北站路102号。1990年12月22日，新沈阳北站竣工并投入使用。

沈阳

北 站

沈阳博物馆

Shenyang Bowuguan

乘车路线

地铁2号线至市府广场站。
公交140路、221路、221路区间、230路、243路、248路、260路、293路、303路、326路、旅游观光一线至市中级法院站。
公交214路、215路、228路、244路、293路至市府广场东站。

沈阳博物馆是一座全面反映沈阳地域历史文化的综合类博物馆，于2021年12月21日启幕开馆。馆址位于沈阳市沈河区市府大路363号，总建筑面积22019平方米，展览面积6918平方米。基本陈列从11万年前的旧石器时代到1948年沈阳解放，全面梳理了这座城市漫长而复杂的历史进程。常设展览、临时展览、数字化展厅、家庭教育厅合理分布于博物馆各展区，覆盖历史文化、精品文物、考古发现、互动交流等多个方面。

沈阳博物馆以科技手段赋能，将实物和光影有机融合，引导观众融入历史情境之中，具有了承前启后、穿越时空的观感，是弘扬优秀传统文化、守护城市文明根脉、培育和践行社会主义核心价值观的重要阵地。

洛陽博物館

盛京大剧院

Shengjing Dajuyuan

乘车路线

地铁2号线至五里河站。
公交109路、126路、152路、214路、238路、272路、286路、333路、394路、394路桃木、旅游观光一线至五里河公园西站。
公交212路至五爱街南二环站。
公交213路至盛京大剧院站。

沈阳盛京大剧院坐落于浑河河畔，紧邻繁华金廊，地理位置优越，造型别致新颖，从空中俯瞰整个剧院酷似一颗钻石，是沈阳市的标志性文化设施之一。盛京大剧院总建筑面积约8.5万平方米，主体建筑由1626座歌剧厅、1222座音乐厅和405座多功能厅组成。歌剧厅主要供歌剧、舞剧、话剧演出，兼顾大型综合文艺演出;音乐厅可实现无扩音设备现场演出；多功能厅可满足剧目演出、新闻发布、品牌服装展示等多项功能需求。此外还有舞蹈排练厅、合唱排练厅、琴房、综合排练厅等附属设施。整个剧院按国际一流剧院标准建筑，具备接待世界一流艺术表演团体演出的条件和能力，是一座设施功能齐全的现代高雅艺术殿堂。盛京大剧院置身于开放式园林中，市民可在娱乐休闲的同时，步入文化殿堂领悟高雅艺术，感受浓郁的艺术氛围。

太清宫

Taiqinggong

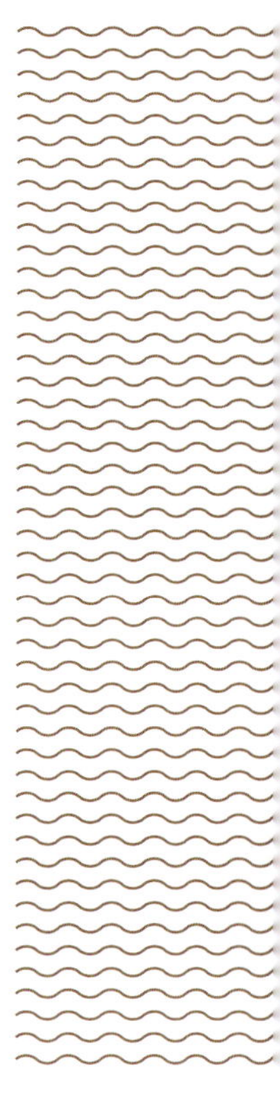

乘车路线

公交157路、207路、212路、215路、224路、227路、228路、258路、289路、326路、333路、334路、环路至太清宫站。

公交126路、140路、230路、243路、248路、303路、326路、旅游观光一线至市信访大厅站。

太清宫始建于清康熙二年（1663），由全真道龙门派第八代传人郭守真主创。太清宫初称三教堂，于清乾隆四十四年（1779），在赵一尘任监院时改称太清宫。当年盛京将军乌库礼慕名召请在本溪铁刹山八宝云光洞潜修的郭守真主坛祈雨，祈雨如愿后，便在此地创建三教堂。

太清宫是东北道教第一丛林，是东北道教活动中心。新中国成立后，太清宫被列为省级重点文物保护单位，属全国道教重点宫观，现今是省、市两级道教协会所在地。

太清宫现有灵官殿、关帝殿、老君殿、玉皇殿、三官殿、吕祖殿、郭祖殿、丘祖殿等八座殿堂。

小南教堂

Xiaonan Jiaotang

乘车路线

公交132路、133路、134路、173路、213路、219路、219路区间、222路、260路、276路、276路复线至小南门站。

公交118路、140路、151路、215路、228路、237路、251路、260路、287路、292路、296路、观光一线、环路至沈阳方城·小南门站。

小南教堂，即沈阳天主教堂，也称沈阳天主堂，是沈阳地区最早的天主教堂。1861年法国神父方若望从营口来沈阳传教，1875年开始兴建教堂，1878年完成，附设有育婴堂和学堂，1900年义和团运动中教堂被烧毁。现存建筑是1912年利用庚子赔款重建的，由法国人梁亨利设计，呈巴西利卡式平面，砖石结构，木屋架，青砖素面，是典型的哥特式建筑样式。

方圆大厦

Fangyuan Dasha

乘车路线

地铁2号线、地铁4号线至沈阳北站站。公交105路、115路、136路、147路、148路、163路、168路、177路、228路、230路、247路、253路、262路、267路、269路、290路、294路、295路至家乐福北站店站。

沈阳方圆大厦地处沈阳金融商贸开发区，由台湾李祖源建筑事务所设计，占地面积5580平方米，总建筑面积48000平方米，建筑高度99.75米，钢筋混凝土框架剪力墙结构。在2000年威尼斯世界建筑设计展览会上，方圆大厦成为亚洲唯一获奖的作品，获得“世界上最具创意性和革命性的完美建筑”的美誉。

EDCK

中山广场

Zhongshan Guangchang

沈阳中山广场建筑群是指1919—1937年间建成的六座欧式、日式风格的特色建筑，包括大和旅馆、东洋拓殖株式会社奉天支店、奉天警察署、横滨正金银行奉天支店、朝鲜银行奉天支店、三井洋行大楼。中山广场规划之初是作为日俄战争的纪念性公园，始建于1913年，初期称中央广场；1919年称浪速广场；1945年抗战胜利后，浪速广场更名为中山广场；“文化大革命”时期称红旗广场；1981年又恢复了中山广场的名称，一直沿用至今。新中国成立后于1956年、1969年对中山广场进行了两次改造，第二次改造竣工后广场中央矗立了以毛泽东塑像为主的大型组雕，2007年辽宁省人民政府将中山广场雕像列为省级文物保护单位；2013年3月，国务院将沈阳中山广场建筑群列入第七批全国重点文物保护单位。

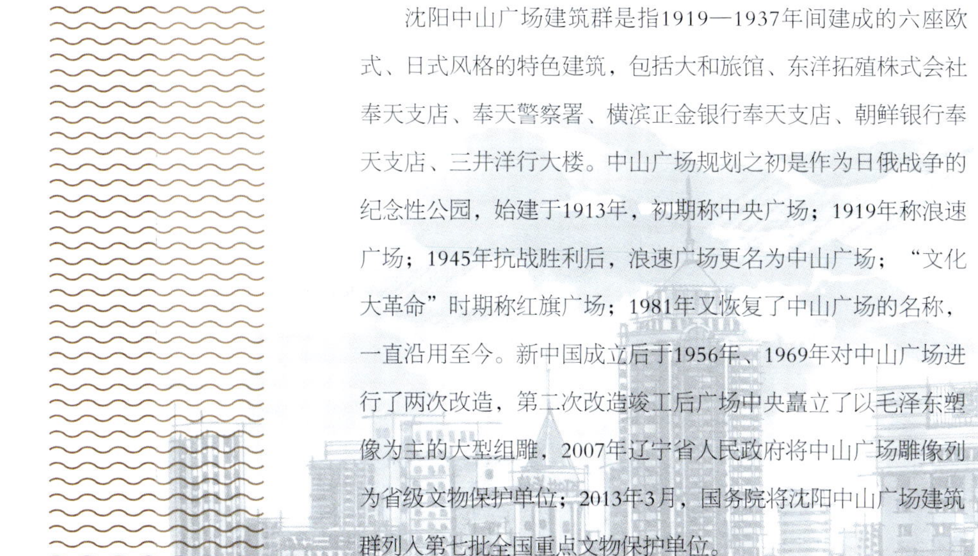

大和旅馆旧址

Dahe Lüguan Jiuzhi

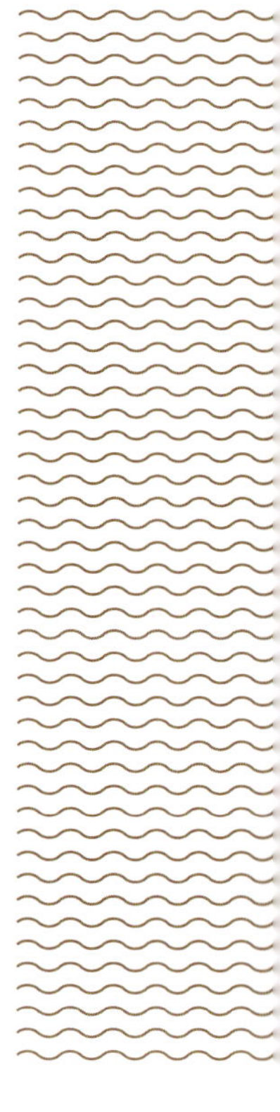

乘车路线

公交115路、210路、220路、231路、264路、277路、282路、301路至医大一院站。
公交114路、123路、129路、210路、220路、232路、249路、环路至中山路太原街站。

大和旅馆旧址现为辽宁宾馆，是日本建在东北的高档连锁旅馆，至今原建筑依然保留的有5处，分别在沈阳、长春、大连、旅顺、哈尔滨。沈阳的大和旅馆由日本小野木·横井共同建筑事务所的太田宗太郎等两名设计师设计，该建筑采用钢筋混凝土结构，是当时沈阳最大最豪华的宾馆。主体三层，局部四层，地下一层，建筑面积约10000平方米。建筑采用对称布局，古堡式造型与券柱式外廊相结合，立面造型丰富，自由的曲线效果繁而不复，体现了以欧美复古主义为模板的折中主义风格。

1927年4月动工修建，1929年4月建成，由“满铁”负责经营。

1945年8月，日本投降后，国民党将该宾馆改名为铁路宾馆，后又改名为文化宾馆。

1946年5月，蒋介石曾在这里亲自策划部署东北战事。

1948年11月2日，沈阳解放，陈云同志领导的沈阳特别市军事管制委员会在此成立。

1950年3月，访苏归来的毛泽东停留沈阳时，也曾住在该宾馆。

1954年，改名为辽宁宾馆。在新中国成立初期作为沈阳市政务接待国宾馆，接待过毛泽东、周恩来等国家领导人以及西哈努克亲王等外国元首。

东洋拓殖株式会社奉天支店旧址

Dongyang Tuozhi Zhushi Huishe Fengtian Zhidian Jiuzhi

乘车路线

公交114路、115路、123路、125路、129路、220路、249路、277路、环路至中山广场东站。
公交115路、210路、220路、231路、264路、277路、282路、301路至医大一院站。

东洋拓殖株式会社奉天支店是日本东洋拓殖株式会社设在沈阳的特殊金融机构，主要经营农牧业，后扩大到工业、不动产、城市基础建设等方面。1917年10月，东洋拓殖株式会社在奉天“满铁”附属地内设立分店，1922年该建筑落成后迁此办公。该建筑为砖混结构，具有折中主义建筑特点。1931年9月19日日本关东军司令部由旅顺迁到这里。日本投降后被国民党政府接管。新中国成立后，成为沈阳市总工会办公地点。

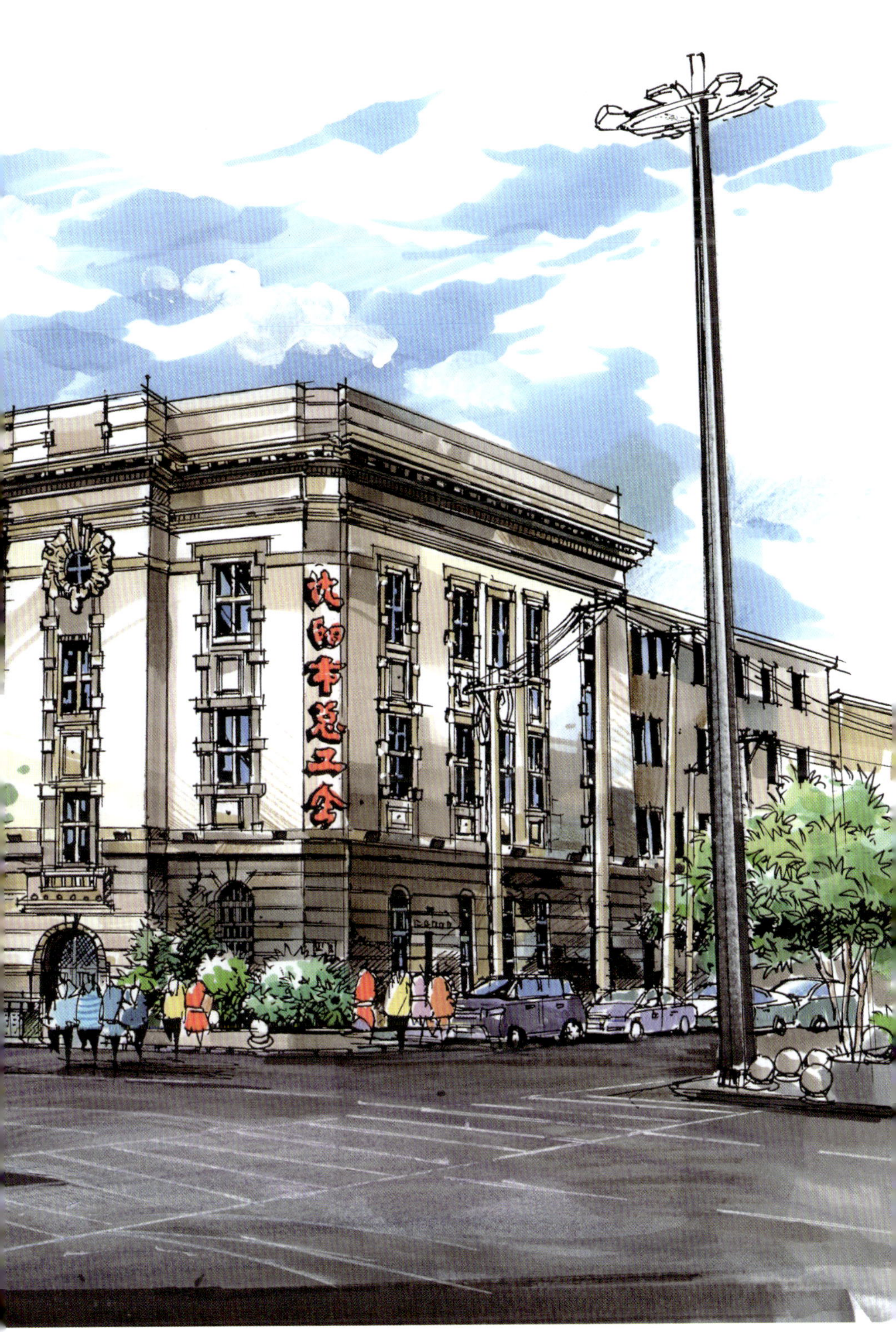
沈阳市总工会

奉天警察署旧址

Fengtian Jingchashu Jiuzhi

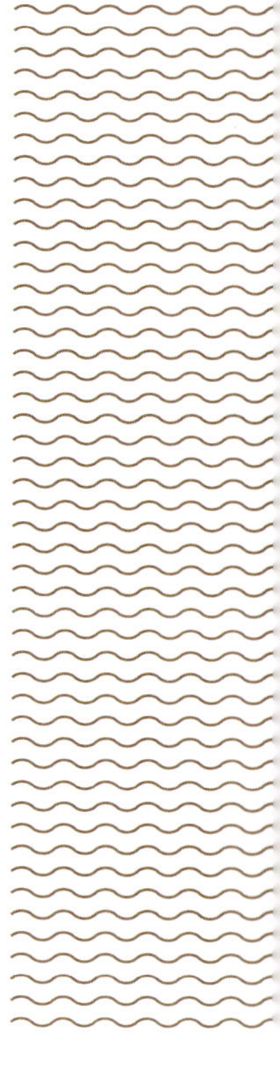

乘车路线

公交115路、210路、220路、231路、264路、277路、282路、301路至医大一院站。
公交114路、115路、123路、125路、129路、220路、249路、277路、环路至中山广场东站。

奉天警察署旧址现为沈阳市公安局。

1906年，日本在“满铁”附属地设立奉天警察署，负责附属地的地方治安。奉天警察署最初的地址在西塔，此后又计划在大和旅馆处，但是“满铁”当局不同意。此建筑始建于1927年11月，1929年9月建成之时，奉天警察署迁于此。该建筑为钢筋混凝土结构，强调对称布局，采用标准的三段式构图，符合日本官厅式建筑风格特点，建筑布局基本对称，立面又体现出一些古典主义建筑风格。地上三层，地下一层，四壁用红色机制砖砌筑，外立面贴土黄色面砖，造型雄伟壮观。

1945年日本投降后，为国民党政府接收，东北剿匪总司令部曾设在此。

1948年11月沈阳解放后，为沈阳市公安局所用。该建筑与众多历史事件的发生有紧密联系，如中共在沈阳的第一个地方党组织——中共奉天市委第一任书记任国桢，就是被伪满奉天警察署逮捕的。

1931年九一八事变发生的当天，这里也是日军向沈阳城发起进攻的重要据点之一。

横滨正金银行奉天支店旧址

Hengbin Zhengjin Yinhang Fengtian Zhidian Jiuzhi

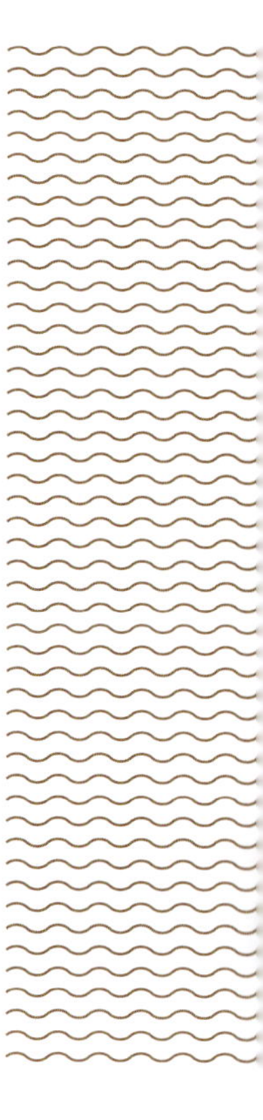

乘车路线

公交115路、210路、220路、231路、264路、277路、282路、301路至医大一院站。
公交114路、115路、123路、125路、129路、220路、249路、277路、环路至中山广场东站。

横滨正金银行奉天支店旧址现为中国工商银行沈阳中山广场支行。

横滨正金银行奉天支店是日本横滨正金银行在奉天设置的金融机构。横滨正金银行成立于1880年，总部设在横滨。

正金即为正币之意，也就是金银硬币。

1899年，在营口设立横滨正金银行分行，主营业务是日本和东北之间的贸易汇兑。

1904年开始，逐渐将支行开设在大连、奉天、旅顺、辽阳、铁岭、开原、安东、长春、哈尔滨等地，关东州和南满铁路沿线地区的金融业务主要被横滨正金银行所控制。

1905年，横滨正金银行在奉天内中街设立出张所。

1908年，改为支店。

1921年，该支店从城内迁入日本租界南满附属地。

1925年9月，横滨正金银行奉天支店迁入新址。这座建筑建于1924年，竣工于1925年9月。由日本宗像建筑事务所设计，是中山广场建筑中最小的一栋建筑，地上两层，地下一层。地上两层由主楼和一小型副楼组成，建筑整体简洁明快，采用几何形体代替自然主义曲线，摒弃了复杂的装饰元素，体现了简化的欧洲古典复兴建筑的特点。横滨正金银行在日俄战争时期提供了日本作战的军费。

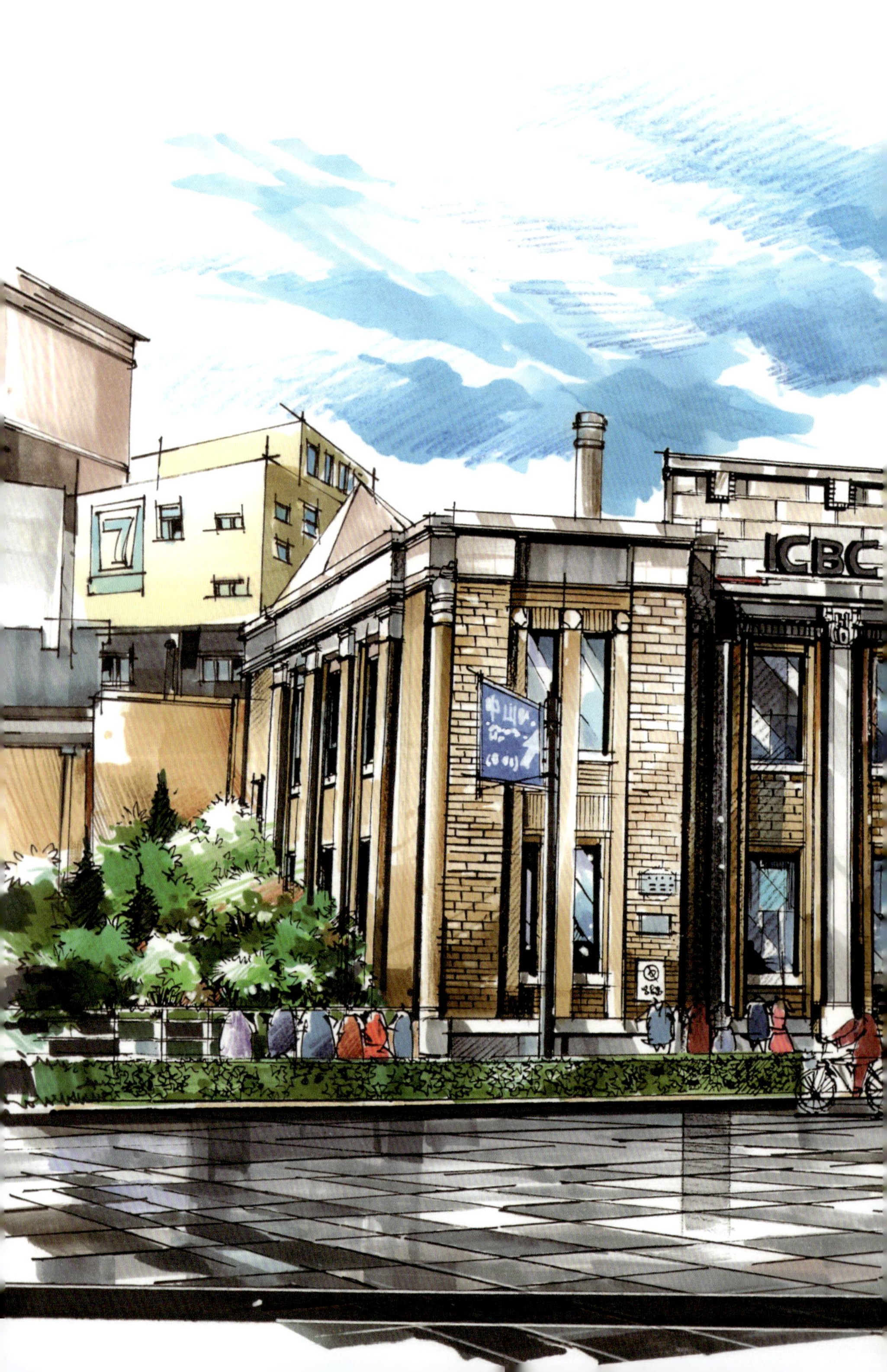

7
ICBC

中国工商银行

朝鲜银行奉天支店旧址

Chaoxian Yinhang Fengtian Zhidian Jiuzhi

乘车路线

公交114路、115路、123路、125路、129路、220路、249路、277路、环路（环一路）、环路（环二路）至中山广场东站。

公交115路、210路、220路、231路、264路、277路、282路、301路至医大一院站。

朝鲜银行奉天支店旧址是由日本中村与资平建筑事务所设计的，其外观是欧洲古典复兴样式风格的建筑。建筑布局基本对称，从表面看正面的六根爱奥尼氏柱是它的标志特色。该建筑的入口根据功能的需要分为三个入口：主入口面向中山广场，主要为办理业务的顾客入口；其他两个分别面向南京北街和中山路，为内部人员办公入口和外来办事人员入口。

当年该支店主要业务是行使朝鲜中央银行支店的职能，代理日本政府国库业务，发行金本位银行券，办理在奉天省的日本军政机关、事业单位公款收支及日本商民租税款项的缴纳，办理普通银行各种存贷款业务等。

1917年，日本政府决定整顿在东北的银行业，由朝鲜银行接管日本横滨正金银行发行金票权和代理国库的业务，自从接管了金票发行权和代理国库业务后，该行成为日本在东北的金融中枢。

1936年12月，日伪当局将满洲银行、正隆银行、朝鲜银行及其在东北的分支机构，一律合并于满洲兴业银行及分支行，朝鲜银行奉天支店遂即告终，共生存27年。

1949年新中国成立后，该建筑曾分别由沈阳海关、沈阳市交通局使用。

三井洋行大楼旧址

Sanjing Yanghang Dalou Jiuzhi

乘车路线

公交114路、115路、123路、125路、129路、220路、249路、277路、环路（环一路）、环路（环二路）至中山广场东站。

公交115路、210路、220路、231路、264路、277路、282路、301路至医大一院站。

三井洋行大楼是日本三井物产株式会社设在奉天的私营银行。该建筑建成于1937年，它是中山广场建筑群中最晚建成的一栋建筑，由日本东京建筑事务所的松田军平设计。

该建筑地上四层，地下一层，整座建筑外轮廓方方正正，简洁朴素，立面干净，开窗有序，受当时流行的现代主义设计风格影响，符合现代建筑的设计理念，是新材料、新技术的代表作。

该建筑建成初期，由日本三井洋行使用，后为日满空军使用。

1949年新中国成立后，这里先后为沈空司令部、警备区司令部使用。

八卦街

Bagua Jie

乘车路线

地铁1号线至南市场站。
公交221路、221路区间、237路、266路、287路、296路、观光一线至沈阳消防烧伤医院站。
公交258路、265路、280路至沈阳消防烧伤医院东站。
公交109路、249路、253路、258路、265路、280路、289路至第七医院。

1918年，张作霖为促进民族工商业的发展，下令开辟南、北市场。由奉天省省长王永江负责督建，奉天省城商埠局第一任局长赵景琪负责具体事务。在商埠地南部辟建南市场，遵照张作霖、吴俊升等人在建筑规划上的主张，南市场在兴建中渗入兵家谋略理念，以华兴场即后来的云集广场为核心，按照中国古代的八卦——乾、坎、艮、震、巽、离、坤、兑来定街名。由华兴场伸向四方的四条大街（四象）命名为乾元路、艮永路、巽从路、坤厚路，再由四象生八卦（即伸向八方）命名所谓八隅的坎生路、震东路、离明路、兑金路，整个就是一个八卦形。奉系将领汤玉麟和吴俊升拍板命名为八卦街，由此奏响了八卦街的百年乐章。

2017年，和平区顺应群众需求，挖掘百年历史文化内涵，以共同缔造的理念将东起南四经街、西至南五经街、南至十二纬路、北至十一纬路、占地面积77000平方米的八卦街重新规划改造，植入文商、文旅、文创产业，建成特色文化街区，成为沈阳特色旅游的新景点。

皇寺

Huangsi

乘车路线

地铁2号线至市府广场站。
地铁4号线至皇寺路站。
公交115路、209路、247路、281路至三经街市府大路站。
公交114路、115路、209路、220路、280路至市人大站。

沈阳皇寺，全名莲花净土实胜寺，是清代敕建最早、规格最盛的藏传佛教皇家寺院，在清代享有陪都首刹的美誉，是沈阳城坛城结构的中心。皇寺整体呈矩形坐落，坐北朝南。占地面积16000多平方米，建筑面积达7000多平方米。沿甬路中轴依次为山门、天王殿、坛城殿、大雄宝殿和以藏经楼为主的后楼建筑群。寺院两厢设有钟鼓楼，以及供奉绿度母和白度母的东西配殿。碑亭内的四体文碑，记录了皇寺敕建时的隆盛气象。清朴雅致的班禅行宫，体现了克己存诚、以戒为师的佛子德风。寺院还陈设有蒙古高僧沙尔巴呼图克图、墨尔根、召乌力吉三位大师的舍利供养，以及转经轮、玛尼堆、风马旗、白驼石雕、铸铁梵钟等寓意吉祥的风格建筑。寺门上纵横九路八十一枚的门钉，是阳极至盛的崇高规格。

老北市

Laobeishi

乘车路线

地铁4号线至皇寺路站。
公交123路、203路至北市场东站。
公交138路、140路、209路、215路、216路、243路、248路、260路、281路、295路、303路、326路至北市场站。

老北市地处沈阳城市圆心，因清太宗皇太极于1636年在此敕建皇家寺庙莲花净土实胜寺（皇寺）而兴，积淀有国家级文物保护单位锡伯家庙（太平寺）、民国风情商业街区文奉园和明清风格仿古商业街区文盛园，产生并传承有辽菜传统烹饪技艺、奉天落子、北市摔跤、皇寺庙会等非物质文化遗产项目。

多元文化在此发展，糅杂共生，最终呈现沈阳原住民生活画卷，衍生出“老北市最/醉沈阳”文化地标，淬炼形成关东文化的精髓与灵魂。

北市场

东北解放纪念碑

Dongbei Jiefang Jinianbei

公交137路、226路、247路、266路、287路至和平广场站。

公交134路、135路、135路区间、239路、251路、257路、297路、环路至和平广场北站。

东北解放纪念碑是为了纪念东北全境解放40周年，由沈阳军区、黑龙江人民政府、吉林省人民政府、辽宁省人民政府、沈阳市人民政府于1988年共同建立。东北人民解放军在东北广大人民群众和关内各战场人民解放军的支援配合下，经过三年的浴血奋战，共歼灭敌军一百零六万余人，解放了东北全境，使东北地区成为全国解放战争巩固的战略后方。2021年3月，被辽宁省文物局确定为辽宁省第一批不可移动革命文物。

辽宁工业展览馆

Liaoning Gongye Zhanlanguan

乘车路线

地铁2号线至工业展览馆站。
公交109路、117路、124路、135路、135路区间、152路、169路、225路、239路、265路、272路、282路、K802路、环路至展览馆站。
公交130路、214路、238路、333路、旅游观光一线至华润中心站。

辽宁工业展览馆于1954年修建，建筑面积12000平方米。平面为“山”字形对称布局，建筑构图遵循垂直三段式和水平五段式做法，外部有宽大的广场，极具时代感。曾更名为辽宁省毛泽东思想展览馆、辽宁展览馆。改革开放后，改回辽宁工业展览馆。

沈阳老北站旧址

Shenyang Laobeizhan Jiuzhi

乘车路线

地铁4号线至皇寺路站。
公交262路、264路至哈尔滨路肇东街站。
公交123路至阜新二街总站路站。

沈阳老北站于1927年动工，1930年建成，1931年3月19日正式投入使用，始称辽宁总站，是京奉铁路的终点站，由我国著名的建筑设计师杨延宝设计。九一八事变后改称奉天总站，1945年改称沈阳北站，1991年新北站启用后作为沈阳铁路分局机关办公楼。站楼平面对称布局，中间是候车大厅，两侧为办公室，钢筋混凝土结构，小木格窗绿色铁瓦顶。建筑面积8485平方米，建筑造型宏大壮观，设计手法受西方古典主义影响，融汇中西建筑风格于一体，既有西方时代气息，又有中国传统韵味。货场、行李房、餐厅、旅馆、车站广场等设施一应齐备，具有极高的设计水平和实用价值，是继北京前门站、山东济南站后，由我国建筑师自己设计建造的当时国内最大的火车站。2013年被列为全国第七批文物保护单位。

沈阳站

Shenyang Zhan

乘车路线

地铁1号线至沈阳站站。

公交223路、225路、523路至沈阳站南（南一马路）站。

公交103路、220路、221路、221路区间、235路、237路、240路、328路至沈阳站站。

公交123路、环路至沈阳站北（中山路）站。

沈阳站始建于1899年，原名谋克敦，后改称奉天驿，1946年4月，奉天驿改为沈阳南站。1950年5月，沈阳南站正式改名为沈阳站。整体遵照了西方建筑的风格特点，讲究严格的对称。奉天驿的建筑样式被设计者辰野金吾广泛使用在东亚地区，包括东京车站也承袭此类风格。

沈阳
SHENYANG
务为宗旨

客如家人

太原里

Taiyuanli

乘车路线

地铁1号线至太原街站或沈阳站站。
地铁4号线至太原街站。
公交152路、202路、223路、225路、264路、523路、环路至市文化宫站。
公交103路、203路、207路、220路、221路、221路区间、223路、225路、235路、237路、240路、246路、261路、263路、501路、523路至中华路太原街站。

太原街，从19世纪初仅有的几家油盐杂货店铺，到今天高楼林立的繁荣景象，已然成为沈阳乃至全国闻名的商业步行街之一。

太原里，是一个全新的综合体项目，突破原有太原街独立商城集合的单一陈旧模式，通过共享空间、外摆与灯光的结合，进一步丰富商业的表现力。一步一景，增加了纵向的玩味感，让年轻人能够近距离地体验阳光、自然，真正实现可逛的地上街区，让沈阳人重新找到逛街的乐趣，也为沈阳商业寻找出新的活力和出路。

adidas

中共满洲省委旧址纪念馆

Zhonggong Manzhou Shengwei Jiuzhi Jinianguan

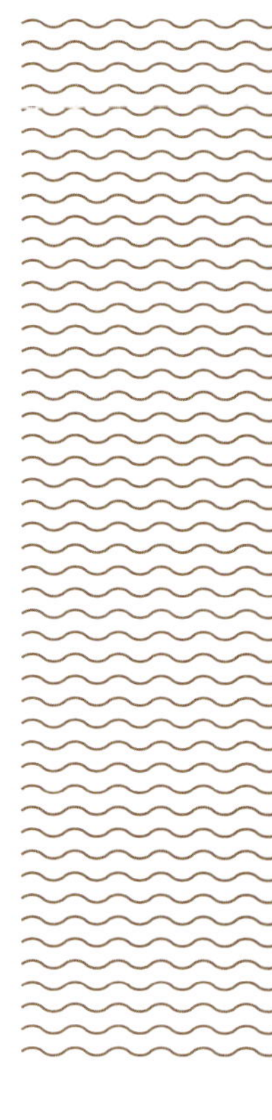

乘车路线

地铁4号线至皇寺路站。
公交123路、203路至北市场东站。

中共满洲省委旧址纪念馆，位于沈阳市和平区皇寺路福安巷3号，占地面积2500平方米，主要由福安里门楼、中共满洲省委旧址、刘少奇旧居、中共满洲省委历史陈列厅、宣誓广场等组成。

中共满洲省委于1927年10月建立，是中国共产党在东北设立的第一个最高统一领导机构，是党在东北革命的源头和摇篮。

1931年九一八事变爆发后，中共满洲省委站在抗日最前线，号召各阶层民众坚决抗击日本入侵者，是东北地区长达十四年抗日战争的发起者、组织者、推动者和唯一领导者，并且缔造了英勇的东北抗日联军，在抗日战争中发挥了中流砥柱的作用。

1965年，中共满洲省委旧址被列入革命文物保护范畴，按其原貌进行修复。1985年，沈阳市政府专门拨款对中共满洲省委旧址进行了全面复原性维修，同年7月1日对外开放。2003年，中共满洲省委旧址进行维修扩建，固定陈列展厅，增设场景雕塑。扩建后更名为中共满洲省委旧址纪念馆。2014年又进行了新一轮的改造提升工程。

沈阳新世界博览馆

Shenyang Xinshijie Bolanguan

乘车路线

地铁2号线至五里河站。
公交289路、V103路、V106路至K11购物艺术中心站。
公交109路、126路、152路、214路、238路、272路、286路、333路、394路、旅游观光一线至五里河公园西站。

沈阳新世界博览馆是东北地区全新、国际领先的会议展览场馆，于2017年3月正式投入使用，坐落于辽宁省省会沈阳景色优美的浑河北岸边，地处商业金廊，毗邻沈阳中央商务区。博览馆由沈阳新世界博览馆管理有限公司（SML）负责管理和营运。SML是香港上市机构新创建集团（中国）有限公司的附属机构，拥有超过30年的成功管理经验。

博览馆总展览面积为24000平方米，另有4000平方米可供研讨会及宴会等灵活使用，其中包括1700平方米的无柱多功能会议厅及17个不同规格的国际化会议室。博览馆拥有宽敞气派的大堂及走廊、种类丰富的多元化五星级餐饮服务、宽敞的地下停车位、国际顶级水平的科技及设备、严谨的布展与撤展建筑设计与策划管理，适合承接全球各类高品质的展会。

博览馆与其相连通的沈阳K11购物艺术中心及沈阳新世界酒店将共同为宾客提供会展新体验。博览馆毗邻服务式公寓、住宅及其他独特设施。

K11

1905文化创意园

1905 Wenhua Chuangyi Yuan

1905文化创意园取名1905是因为1905年是沈阳工业诞生的年份。沈阳在1905年成为中国早期民族工业的发祥地之一，同年，沈阳铁西工业区始建，开启了沈阳的百年工业史。因此，为了纪念这一重要历史事件，园区被命名为1905文化创意园。

1905文化创意园位于沈阳铁西重型文化广场，保留了原沈阳重型机械厂二金工车间的工业风貌，并与巨大的雕塑“持钎人”相映成趣，成为展现沈阳百年工业历史的标志性地点。园区内不仅有各种服装饰品和手作小店，还有西餐厅、咖啡店、酒吧、书店以及小剧场，不定期会有艺术展览和音乐会，是一个国际化的艺术生活聚集地。

1905
文化创意园

中国工业博物馆

Zhongguo Gongye Bowuguan

乘车路线

公交147路、277路、300路、303路至工业博物馆站。

中国工业博物馆是展示中国工业发展历程的综合性博物馆，由沈阳铸造厂生产车间改扩建而成。建筑面积6万平方米，展览面积4.5万平方米，共设8个展馆，2013年9月对外开放。本着保护、传承、亲民、共享的办馆理念，充分利用工业遗产，使记忆力与创造力相融合，提升了整体环境品质，既有公共性和开放性的场所空间，又有完善的设施功能，体现出丰富的人文内涵。展陈内容丰富翔实，展示形式简洁雅致，是广大市民及中外游客了解、认识和欣赏工业遗产，解读工业内涵，享受工业遗产保护成果的重要平台，是开展爱国主义教育、传播工业文化、愉悦大众身心的精神家园。中国工业博物馆是国家二级博物馆，也是全国爱国主义教育基地和国家AAAA级景区。

重型文化广场

Zhongxing Wenhua Guangchang

乘车路线

地铁9号线至重型文化广场站。
公交141路、184路、208路、268路、277路、288路、299路、303路、313路至重型文化广场站。

沈阳市铁西区重型文化广场，是一个为人们带来欢乐的广场。广场核心建筑是动态主题雕塑“持钎人”，建于2010年，占地面积785平方米，高26米，雕塑总重量400吨。雕塑中舒卷的红旗形似灼热的铁水包，结合两名正在持钎炼钢的工人，再现了劳动创造的场景，记录了铁西老工业基地60年创业与辉煌的历史。它是世界上迄今为止，反映工业题材最高的动态雕塑。

创意文化园

清昭陵

Qing Zhaoling

清昭陵的墓主是清朝开国君主太宗爱新觉罗·皇太极，他是中国历史上杰出的政治家、军事家，是清朝历史上有作为的皇帝之一，为清朝基业和入主中原奠定了基础，对清朝历史影响重大。皇太极生于明万历二十年（1592），卒于清崇德八年（1643），在位17年。

清昭陵始建于清崇德八年（1643），顺治元年（1644）八月九日定名昭陵，顺治八年（1651）初步建成，康熙、乾隆、嘉庆各朝又做了若干增建和改建，最终形成今天的规模。清昭陵占地面积16万平方米，现存古建筑38座（组），主要建筑均建在中轴线（神道）上，其他建筑自南向北对称分布在中轴线两侧。清昭陵的建筑体系保留了清初关外的部分建筑特色，更多的则是按照中原王朝的陵寝规制建造的。清昭陵陵寝内除了葬着皇太极，还有孝端文皇后——博尔济吉特氏。在陵寝西侧百米另建有“贵妃园寝”，安葬着太宗的懿靖大贵妃、康惠淑妃等十一位妃子，其地上建筑现已全部不复存在。

清昭陵是我国现存最完整的古代帝王陵墓建筑群之一，1963年被列为辽宁省重点文物保护单位，1982年被列为国家重点文物保护单位，2004年被列入世界文化遗产名录，2006年被国家建设部授予“中国人居环境范例奖”。

沈阳新乐遗址博物馆

Shenyang Xinle Yizhi Bowuguan

乘车路线

地铁2号线至新乐遗址站。
公交136路、138路、232路、294路至新乐遗址站。

沈阳新乐遗址博物馆是以新乐文化内涵为主题的遗址类博物馆。博物馆成立于1984年，展厅面积约2000平方米，展出遗址区域内具有叠压关系的新乐上层文化、新乐遗址出土偏堡子文化和新乐文化三种文化类型，展出文物376件（套）。其中新乐上层文化以磨制石器和鬲、甗等素面陶器为主要代表，距今约3000—4000年。偏堡子文化为继新乐文化之后的一种新石器时代晚期考古学文化，以磨制石斧、细石器和附加堆纹陶罐、壶、钵为主要代表，距今5000年。新乐文化，以打制石器、磨制石器、细石器、煤精制品、压印“之”字纹深腹罐为主要代表，距今约7000年。

沈阳新乐遗址博

抗美援朝烈士陵园

Kangmeiyuanchao Lieshi Lingyuan

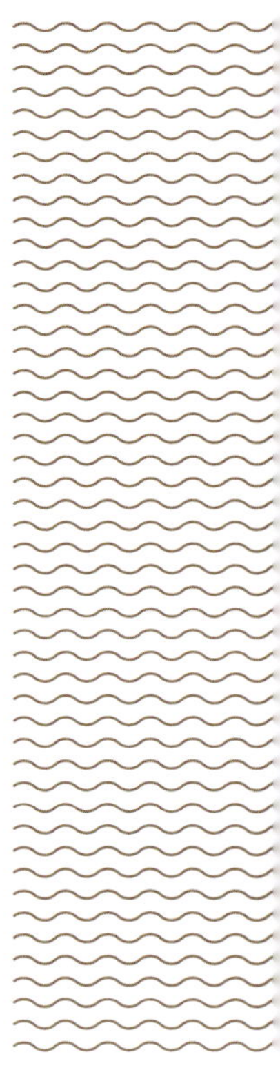

乘车路线

公交113路至城建北尚B区站。
公交292路至金山北苑站。

沈阳抗美援朝烈士陵园是我国唯一一座集安葬、祭奠和宣传抗美援朝英烈于一体的综合性烈士陵园，始建于1951年，位于沈阳市北陵公园的东侧，占地24万平方米，陵园地势居高临下，园内苍松翠柏，气氛庄严肃穆。

抗美援朝烈士陵园于1999年10月15日改建落成。陵园内安葬着黄继光、邱少云、杨根思等一批烈士，共安葬了特级、一级战斗英雄123位。陵园于1986年被定为首批“全国重点烈士纪念建筑物保护单位”。自陵园建立以来，每年前往凭吊、祭扫的各界群众和国际友人达数十万人。抗美援朝烈士陵园已经成为对青少年进行爱国主义和国际主义教育的重要基地。

沈阳审判日本战犯法庭旧址陈列馆

Shenyang Shenpan Riben Zhanfan Fating Jiuzhi Chenlieguan

乘车路线

地铁10号线至陵东街站。
地铁2号线至岐山路站。
公交106路、280路、281路、290路、292路至审判法庭陈列馆站。

沈阳审判日本战犯法庭旧址陈列馆位于沈阳市皇姑区黑龙江街77号，通过复原陈列和史实陈列有机结合，全面展示了最高人民法院特别军事法庭在沈阳公审日本战犯的历史。

沈阳审判日本战

旧址陈列馆

东北大学旧址

Dongbei Daxue Jiuzhi

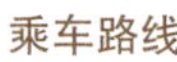

乘车路线

公交131路、157路、280路、281路至陵东街武功山路站。

公交127路、130路、131路、157路至北陵东门站。

公交205路、210路、220路、227路至泰山路11号站。

东北大学旧址位于辽宁省沈阳市皇姑区北陵大街东侧，为全国重点文物保护单位，1923年开始筹建，至1930年陆续建成。其采用中西结合的建筑形式，主要建筑各具特色，保存完好，为近代优秀建筑群，具有较高的历史、艺术、科学价值。2018年11月24日，东北大学旧址入选“第三批中国20世纪建筑遗产项目”。

『九·一八』历史博物馆

Jiuyiba Lishi Bowuguan

沈阳“九·一八”历史博物馆是全面反映九一八历史的专题博物馆，始建于1991年5月，九一八事变60周年之际正式对外开放，原名为“‘九·一八’事变历史陈列馆”，主体建筑为残历碑。1997年陈列馆进行扩建，于1999年9月18日落成并对外开放，同时更名为沈阳“‘九·一八’历史博物馆”。扩建后的博物馆总占地面积3.1万平方米，建筑面积1.26万平方米，展览面积9180平方米。博物馆常设展览为“‘九·一八’历史陈列”，共设有6个展厅，通过陈列500余件历史文物、资料，1000余幅珍贵的历史照片，采用多种现代化展示手段，全面反映九一八事变及东北人民十四年艰苦抗战的历史。博物馆1996年被命名为首批全国爱国主义教育示范基地；2004年荣获全国爱国主义教育示范基地先进集体称号，并入选全国红色旅游经典景区名录；2006年被评为全国全民国防教育先进单位；2008年荣获首批国家一级博物馆的殊荣；2014年入选国家第一批80处国家级抗战纪念设施、遗址名录。

1931
9
月小
18
星期五

1931
9
月小
18
星期五

周恩来同志少年读书旧址

Zhouenlai Tongzhi Shaonian Dushu Jiuzhi

乘车路线

地铁1号线至中街站。
公交105路、113路、117路、133路、134路、140路、150路、151路、173路、179路、218路、219路、237路、273路至沈阳方城·大东门站。

周恩来同志少年读书旧址位于沈阳市大东区东顺城街育才巷，建于1910年，翌年竣工，建筑面积6千多平方米。这里原是奉天省官立东关模范两等小学校，先后更名为“沈阳市第六中学”“沈阳市幼儿师范学校”。1978年对两楼一堂进行修复。1979年9月辽宁省革命委员会公布为省级文物保护单位，1985年2月沈阳市人民政府公布为市级文物保护单位。2007年3月在前楼设展室对外展出，这里先后被列为省市级重点文物保护单位、中小学德育基地等。

周恩来同

少年读书旧址

沈阳二战盟军战俘营旧址陈列馆

Shenyang Erzhan Mengjun Zhanfuying Jiuzhi Chenlieguan

乘车路线

地铁1号线、地铁10号线至滂江街站。公交107路、127路、173路、207路、245路、251路、254路、275路、276路、286路、383路至珠林桥南站。

沈阳二战盟军战俘营旧址陈列馆于2013年正式对外开放，是在原侵华日军设立的奉天俘虏收容所旧址上建起的一座遗址性博物馆。沈阳二战盟军战俘营旧址陈列馆是日本法西斯发动侵略战争的历史见证，是目前规模最大的反映二战期间日军关押盟军战俘历史的专题博物馆，也是世界反法西斯斗争的重要纪念地，对研究第二次世界大战历史具有重要的价值。2008年被列为辽宁省文物保护单位。

清福陵

Qing Fuling

清福陵是清朝命名的第一座皇陵，因位于盛京的东边，故又称“沈阳东陵”，是著名的“盛京三陵”（永陵、福陵、昭陵）之一。

选定在盛京的东北郊外营建陵墓。初建时，只称作“先汗陵”或“太祖陵”，崇德元年（1636）定名为“福陵”，寓意江山福运长久。

清福陵始建于1629年，1651年基本建成，后经顺治、康熙、乾隆多次修建，形成了完整的陵墓建筑群。

始建于清朝建国之前的福陵，继承了明朝的皇陵规制，建筑的设计与形式风格具有一个王朝规制尚未完备时期的稚拙与古朴，是一座具有满族民族特色和地方特色的皇陵建筑群。

清福陵保护区占地面积54万平方米，现存古建筑32座（组），古建筑群布局因地势而呈现前低后高、南北狭长的形状，古建筑以神道为中轴线对称分布。陵寝建筑群由下马碑、石牌坊、正红门、神道、石像生、一百单八磴台阶、神功圣德碑楼、涤器房、果房、茶膳房、朝房、隆恩门、隆恩殿、东配殿、西配殿、焚帛炉、二柱门、石五供、大明楼、宝城等组成。其中，利用地形修筑的“一百单八磴”（108级台阶），象征着三十六天罡和七十二地煞，是福陵的重要标志。

1949年，新中国成立后，人民政府接管东陵公园，并于1963年公布清福陵为辽宁省重点文物保护单位。

1988年，清福陵被国务院公布为第三批全国重点文物保护单位之一。

2004年，包括清福陵在内的盛京三陵作为明清皇家陵寝的拓展项目被列入世界文化遗产名录。

辽宁省博物馆

Liaoningsheng Bowuguan

乘车路线

地铁2号线至省博物馆站。
公交100路、108路、130路、198路北环、198路西环、305路、V111路至智慧四街全运三路站。
公交128路、154路至智慧三街全运二路站。

辽宁省博物馆是以历史艺术类文物为主体的综合性博物馆，前身为1949年7月7日开馆的东北博物馆，是第一座由人民政权建立的博物馆，1959年改称辽宁省博物馆至今。2008年被评为国家一级博物馆，2009年被列为中央与地方共建国家级博物馆。2017年新馆全面开馆，馆址位于沈阳市浑南区智慧三街157号，占地面积8.32万平方米，建筑面积10万余平方米，分陈列展览、观众服务、文物库房、文物保护、综合业务等五个业务区。共有22个现代化展厅，展陈面积2.4万平方米。2018年7月成为新组建的辽宁省文化演艺集团（辽宁省公共文化服务中心）分支机构。

辽宁省博物馆现有馆藏文物近12万件，其中珍贵文物6万余件，以辽宁地区考古出土文物和传世艺术类文物为主，分书画、陶瓷、货币、雕刻、漆器、碑刻、铜器等17个门类，尤以晋唐宋元书画精品、宋元明清缂丝刺绣、红山文化玉器、商周时期窖藏青铜器、辽代陶瓷、历代碑志、明清版画、古地图、清代李佐贤《古泉汇》著录的历代货币等最具特色和影响力。

走过充满艰辛、充满收获的发展历程，辽宁省博物馆成为辽沈大地最重要的集文物收藏、保护、研究、展示和公共服务于一体的公益文化机构，成为在海内外颇具影响力的大型博物馆，为保护和弘扬中华优秀传统文化，推动文化发展和社会进步，满足人民日益增长的美好生活需要做出了重要贡献。

辽宁省博物

辽宁省科学技术馆

Liaoningsheng Kexuejishuguan

乘车路线

地铁2号线至省博物馆站。

公交100路、108路至省科技馆站。

公交154路至省科技馆西站。

辽宁省科学技术馆是辽宁省科协直属公益性事业单位，是一座综合性现代化科普场馆，承担着开展科学普及、科技传播、科普资源研发等工作，为社会提供公益性科普产品和服务；为科技工作者创新创业、成长成才、学术交流、服务社会、成果展示等提供服务平台，宣传科学家精神，创建科技工作者之家；为创新驱动提供学科发展、科技交流合作、成果转化推介、创新方法培训、科技信息咨询等服务的职能作用。

常设儿童乐园、探索发现、工业摇篮、创造实践、科技生活A、科技生活B、趣味空间、眼健康科普馆八大科普展厅，展示内容涵盖物理、化学、天文、地理、生命科学、安全避险、航空航天技术、交通、军工、计算机电子技术、信息网络、环境科学、新型材料、辽宁工业产业等多项学科领域，共有展项813件，涵盖知识点900余个，互动展项达95%。

馆内设有IMAX巨幕、球幕、4D、动感飞行四种科普特效影院及一座梦幻剧场。影院采用国际先进系统设备，播放科普特效电影，寓教于乐，使观众产生身临其境之感，切身感受高科技带来的科学震撼与艺术享受；设置科学工作室13间及1间多功能教室，涵盖基础科学、生活科学及前沿科学三类内容。重点培养学生的动手操作能力，对科学知识的探索能力和认知能力；设置报告厅、多功能厅等不同规模的会议室10间，具备举办学术报告、交流、论坛、国际会议等功能，为科技工作者搭建交流平台，为公众普及科学知识。

辽宁省图书馆

Liaoningsheng Tushuguan

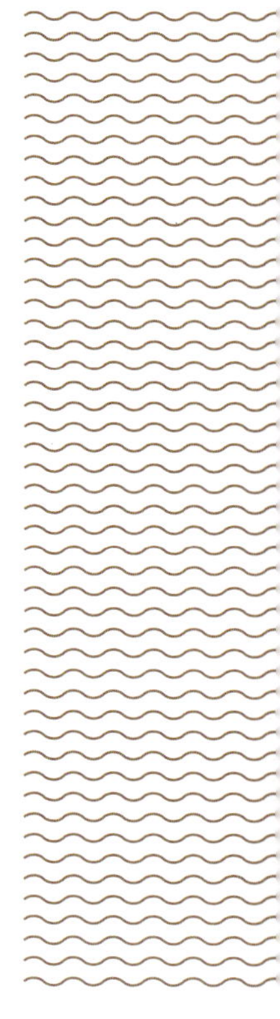

乘车路线

地铁2号线至省博物馆站。
公交128路、198路北环、198路西环至省图书馆站。
公交305路、V113路至省图书馆东站。
公交154路至省科技馆西站。

辽宁省图书馆，原名东北图书馆，1948年8月15日在哈尔滨正式开馆。1949年迁至沈阳，1955年10月改为现名，是中国共产党领导下建立的第一所大型公共图书馆。现有馆舍建筑面积10万余平方米，设置阅览座席9000个，藏书能力1000万册；现有馆藏文献790余万册（件），古籍文献61万册，其中善本书12万册，宋元版书近百部，是全国古籍重点保护单位，入选首批国家级古籍修复中心，为国家级特殊群体文化服务标准化试点单位。馆内设有中外文文献借阅区、历史文献阅览区、地方文献服务区、信息咨询服务区、多媒体服务区、特殊群体服务中心、少儿天地、24小时自助图书馆零点书房、酷雅智慧空间、展览展示厅、讲座报告厅、休闲文创区等12个服务区，总开放面积6万余平方米。

多年来，辽宁省图书馆深入贯彻落实“创新、共享、开放、均等”的服务理念，大力践行“读者第一，服务至上”的办馆宗旨，积极构建传统与现代相结合、线下与线上相结合、立体多元、覆盖广泛、便捷高效的公共文化服务体系，在全民阅读推广和书香辽宁建设的社会实践中充分发挥了引领和示范作用，全面推动了辽宁省图书馆事业和公共文化事业的持续健康发展。先后荣获“全民阅读示范基地”“全国家庭亲子教育基地”“五星级文化助盲志愿服务团队”等荣誉称号。在第七次全国县级以上公共图书馆评估定级中被评为“一级图书馆”。

棋盘山

Qipan Shan

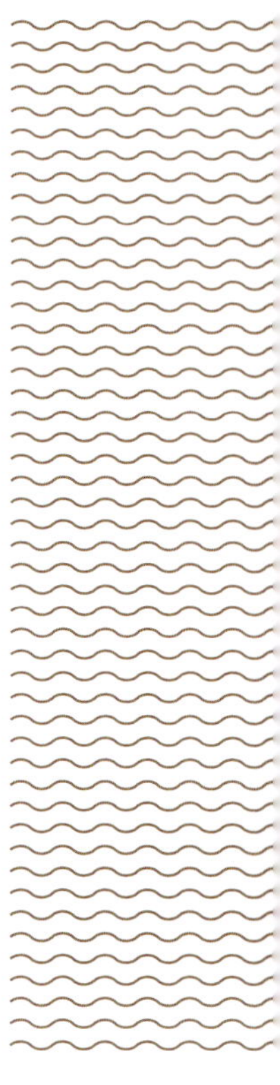

乘车路线

公交168路、观光一线至冰川动物乐园站。

棋盘山国际风景旅游开发区为长白山系哈达岭余脉，位于沈阳东北部，是一处有着人文景观与自然景观的大型风景名胜区，这里有着春天的绿、夏天的景、秋天的枫、冬天的雪一年四季的美景，已开发成集现代休闲娱乐于一体的AAAA级旅游区。1974年修建了棋盘山水库，与山水园林交相辉映。经过多年的开发建设，棋盘山风景区形成了三山三园一水。其中的三山为棋盘山、辉山和大洋山；三园为国家森林公园、植物园、世博园；一水则是指风景区内的秀湖。除此之外，风景区内还有很多的亭台楼阁、古代遗址以及遍布各处的山洞、奇石与植被，这些形成了景区内山水园林中交相辉映的旖旎风光。景区内的棋盘山，海拔260.1米，为景区的第二高峰，山巅的望亭湖、观棋阁，可令人远眺秀湖，观棋阁则有着仙人对弈的古老传说，这一古老传说现已成为棋盘山风景区正门上的石雕，在这里，如今已建成占地55.5万平方米的传播棋牌文化、进行国际性交流的国际棋牌城，举办了国际女子世界象棋冠军争夺赛，让这古老的传说成为现实。沈阳市诸山之首的辉山海拔254.9米，山顶的晴雪楼就有着著名“沈阳八景”之一的“辉山晴雪”，这里的鸟林还有着“亚洲第一鸟林”之称。大洋山位于秀湖的东北，海拔241.8米，有着能够体验到自然野趣的空谷山林，这里的人文景观、历史内涵丰富，如历史遗迹点将台，传说是当年努尔哈赤召集八旗精兵的骁将之处。秀湖是拦截蒲河水修筑的人工湖，因其形状如同“秀”字，故而得名，每当6月至8月细雨霏霏之时，湖面上便可观赏到“秀湖烟雨”这一美丽景象。如今，棋盘山国际风景旅游开发区已经成为以自然山水园林为主体，集森林生态旅游、冰雪旅游、风光旅游、度假旅游、名胜古迹旅游、棋牌竞技、科普知识、商贸购物、文体娱乐于一体的旅游胜地。

亲近大

世博园百合塔

Shiboyuan Baiheta

乘车路线

公交385路至世博园南门站。
公交168路、V128路、观光一线至世博园站。

沈阳市植物园（沈阳世博园），位于辽宁省沈阳市浑南区，地处沈阳市东部风景秀丽的棋盘山旅游中心地带，距市区仅10千米，交通便利。创建于1959年，1993年对外开放，占地2.46平方千米，是集绿色生态观赏、精品园林艺术、人文景观建筑、科研科普教育、娱乐休闲活动于一体的多功能综合性旅游景区。于2006年成功举办“中国沈阳世界园艺博览会”，被誉为“森林中的世博园”，先后被评为“辽宁省文明风景旅游区”“辽宁省五十大佳景”“辽宁省生态文化教育示范基地”和“辽宁省科学技术普及基地”等。2007年荣获国家首批AAAAA级旅游景区称号。

世博园百合塔总高度125米，是世博园的制高点。百合塔似绽放的白色百合花，象征着沈阳百业兴旺、和谐发展。在塔身100米处有观景平台，在这里可以俯瞰世博园，壮观景象一览无余。

沈阳奥林匹克体育中心

Shenyang Aolinpike Tiyu Zhongxin

乘车路线

地铁2号线、地铁9号线至奥体中心站。
公交108路、146路、238路、334路、388路、389路、395路至奥体中心南门。
有轨电车1号线、有轨电车2号线至亿丰广场站或兴隆大奥莱站。

沈阳奥林匹克体育中心，简称沈阳奥体中心，是一座占地29.699万平方米的大型体育设施，可容纳6万观众。沈阳奥体中心于2006年开始建设，2007年竣工，是为2008年奥运会足球比赛而特别规划建设的。

2020年，为筹备2021年的国际足联俱乐部世界杯中心进行了改造。中心包括主体育场五里河体育场，以及综合体育馆、游泳馆和网球馆。此外，中心已成功举办多次赛事和演唱会，并在2019年获得“2015—2018年全国残疾人体育先进单位”称号。

白塔

Baita

乘车路线

公交188路、188路支线、333路、335路、394路至白塔市场站。
公交334路至白塔市场东站。

沈阳白塔，又称“无垢净光塔”。据史料记载，“无垢净光塔”坐落于“沈州南十余里”，是辽代雕砌艺术之佳作，其塔洁白如玉，云霞伴之成景，日月映而生辉，故而俗称白塔。1860年，因自然灾害，白塔塔顶曾被狂风摧毁，塔身出现裂纹，当时白塔周围还有18家农户的房屋受到损坏，当年秋雨连绵，水患不断，白塔河发生洪水，导致两岸40里农田被淹，从此，民间有了“塔损十八家，洪水四十里”的说法。后来，沈阳白塔于1905年毁于日俄战争。现在的白塔复建于1999年，当时的白塔镇党委、政府按照沈阳市小城镇建设整体规划，决定于牤牛河畔复建这座古塔。

关东影视城

Guandong Yingshicheng

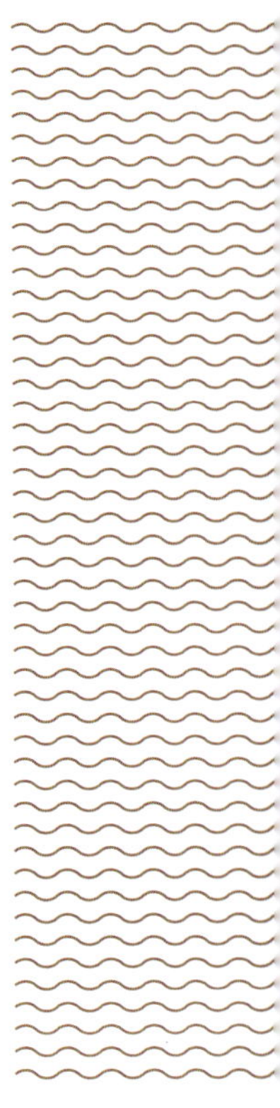

乘车路线

公交168路、观光一线至棋盘山秀湖广场站。

关东影视城始建于2008年，坐落在沈阳市风景秀丽的棋盘山风景名胜区内，临秀湖而建，占地面积28万平方米，是以影视拍摄为主，兼具观光旅游、文化教育、休闲度假等功能的综合性旅游区。园区由著名美术设计大师霍廷霄先生，以及国内十几位规划、旅游、民俗、历史专家联手打造，规模庞大，自然与人文风情完美契合，以20世纪初期关东风貌文化为背景，仿照清末民初时期沈阳北市场地区的风貌建造大型仿古建筑群，以古城墙合围。城门位于关东影视城的西侧，由楼基和三层主楼组成，城门高27.2米，周围绕有高8米、宽6米，总长度为774米的城墙，城墙的两端立有角楼，登上城楼可俯瞰整个景区的全貌。景区分为七个区域，由多个街区构成，共有清末民初各式风格建筑177栋，人文景观36个，自然景观57个，主要景点包括城门、古城墙、贝勒府、晋阳会馆、全聚德、普云楼、鼓楼、清水池塘、奉天警署、北市门牌、恒昌游乐场、艳乐书院、白桦林餐厅等。建筑结构多为三开间或五开间的单层或两层砖木结构，少数为三层。复原的古建筑多为经营性店铺，主要体现了中式风格、西式风格和中西合璧式的建筑风格。这里不仅重塑了老沈阳人的精神家园，也是当代人了解老北市老沈阳的一部生动的教科书。在不少影视剧中都可以看到它们的“身影”，如电视剧《关东大先生》《少帅》等作品。

21世纪大厦

21 Shiji Dasha

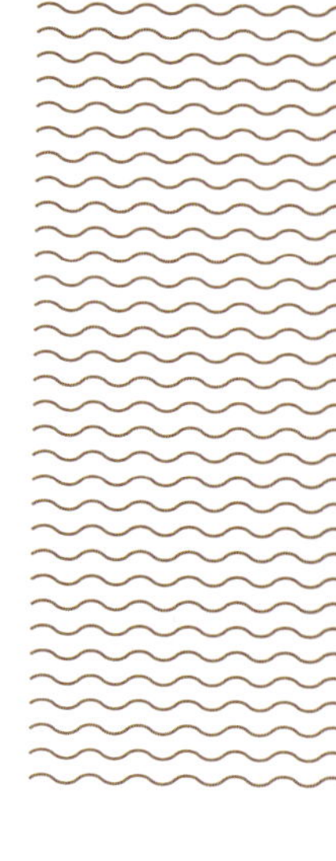

乘车路线

地铁2号线至世纪大厦站。

有轨电车3号线、有轨电车4号线至世纪大厦站。

公交100路、128路支线、128路支线区间、130路、150路、154路、188路、188路支线、214路、335路、浑南新区一线至二十一世纪广场站。

1999年年底，当20世纪即将结束，21世纪的曙光就要降临的时候，一座雄伟壮丽的大厦在沈阳市落成。大厦位于沈阳市浑南区世纪路1号，是为迎接21世纪而建，故命名为21世纪大厦。大厦建筑面积4.2万平方米，共21层，代表21世纪的到来；建筑高度为100米，象征着新世纪的100年；主体呈双子座构造，俯视为两个A字。大厦整体建筑造型的含义是一把金钥匙开启了沈阳的南大门，预示着一种幸福和财富。

辽宁古生物博物馆

Liaoning Gushengwu Bowuguan

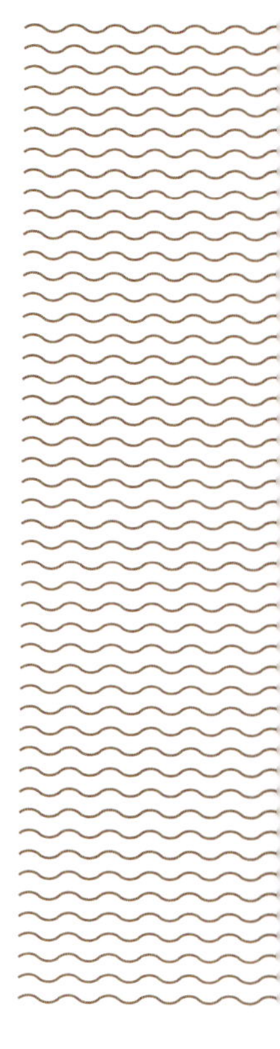

乘车路线

地铁2号线至师范大学站。
公交141路、157路、178路、191路、191路支线、192路、236路、255路、326路、326路区间、381路、382路、393路、K704路至沈阳师范大学站。

辽宁古生物博物馆坐落于沈阳师范大学校园内，是经辽宁省人民政府批准、由辽宁省国土资源厅和沈阳师范大学共建，于2011年5月21日正式落成开馆，占地面积19000平方米，建筑面积15000平方米。建筑外形上像一个庞大的地质体和一个巨型恐龙的巧妙结合：断层将地质体垂直切割，火山熔岩自上而下奔泻流淌，带我们走进辽宁30多亿年地质历史的长河。南侧的拱形建筑代表辽宁巨大恐龙的身躯，中间的钢架代表恐龙脊柱，两侧是恐龙的肋骨，而球体是恐龙蛋。21根恐龙肋骨的钢架象征辽宁人民21世纪挺拔的身躯，预示着辽宁美好的前程。

馆内共设有8个展厅、16个展区，包括地球与早期生命、30亿年来的辽宁古生物、热河生物群、国际古生物化石、珍品化石、辽宁大型恐龙等主题。辽宁古生物博物馆拥有馆藏1万余件，精品馆藏200余件珍贵化石，有按照化石的大小复制成原型的四大“明星化石”，包括带毛恐龙“赫氏近鸟龙”、“会滑行的蜥蜴”赵氏祥龙、为揭示鸟类可动性头骨的早期演化和早期鸟类的树栖能力演化研究作出了贡献的“沈师鸟”、“世界最早的花”辽宁古果；还有高5米的猛犸象复原化石、剑齿虎的头骨化石，以及大型恐龙化石的集体“亮相”，其中包括长达15米的“辽宁巨龙”。它是集科研、科普、展陈、教学和收藏于一体，功能丰富的古生物博物馆，2021年8月16日，辽宁古生物博物馆入选国家自然资源科普基地名单。2022年3月30日，被中国科学技术协会评为首批全国科教基地。

paleontological Musoum of Liaoning